EL AUTOMÓVIL Y SU BUEN

AIRE ACONDICIONADO

-Israel Mustelier-

LICENCIAS.

AC Tipo: Universal.

AC Tipo: Automotriz.

RECONOCIMIENTOS.

Diploma por completar el curso de electricidad.

Carta por completar el curso para mecánico automotriz.

12 Champlain Commons, PO Box 1560
St. Albans, VT 05478-5560
Tel.: 1-800-435-5338

Office At:
8675 Darnley, Mount Royal, QC H4T 1X2

********************AUTO**MIXED AADC 054

|..ll...ll.l..l...ll.ll.l.l.l.l.....ll...ll..l.l...ll.l.ll
Israel Mustelier   9538 T7   1872
4021 12th Ave N
Saint Petersburg FL 33713-5911

Student No.: **F312244**

Assignment No.: **AEC5-D**

Date Graded: October 27, 2009

Reference No.: PAL200910276

Overall Grade: 90%

Dear Israel Mustelier,

I have reviewed your work for: **Auto Mechanics**

It is with great pleasure that I take this opportunity to congratulate you on the successful completion of your program of studies. You have worked hard, showing the determination to take on every challenge, and the perseverance to keep at it until your goal has been met.

I have always known that successful home study students are a special breed of individual. Most work on their own, with no need for someone standing over their shoulder telling them what to do. Some come home from a long day of work, only to spend another couple of hours studying before turning in for the night. Others have faced unemployment and uncertainty, determined to come out on top at the end of a long, hard struggle with suitable employment in a career of their own choosing. Whatever your own situation has been, you are among an elite group of dedicated individuals.

As at any other school, there are some who enroll in our courses who fall by the wayside before graduating. You have had what it takes to finish what you have started, and I congratulate you. I know that your present or future employer will appreciate what your diploma says about you, not only in terms of the knowledge and skills you have gained, but the personal qualities you have demonstrated in getting there.

Your diploma will be sent out to you separately, in special packaging, once you have completed your tuition payments. It is school policy that the tuition must be settled before we can issue the diploma. The enclosed statement indicates the number of monthly payments still to be made, and also the lump sum amount, should you wish to cover the remaining balance in one payment. Doing so will allow you to receive your diploma shortly thereafter.

Once again, please accept my heart-felt congratulations and best wishes to you for continued success.

Sincerely,

Claude Major, PhD
Vice-President and
Director of Education

A todos los decididos:

El sistema de aire acondicionado en los automóviles, como cualquier otro sistema, juega un papel importante. Es cierto que algunos vehículos pudieran pasarla con el aire roto; pero sería fastidioso y desagradable, sobre todo si hay calor. Para algunas personas que viven en países desarrollados, un buen auto con el sistema de AC sin funcionar, es comparado a un individuo con un excelente traje; pero con los zapatos en mal estado.

Veremos aquí cómo funciona el sistema de AC y algunas de las roturas que son más comunes y cómo repararlas. No en todos los vehículos los pasos para efectuar la reparación serán los mismos; como las técnicas pueden diferir, no es mi intención fijar una regla ni pretendo que se me acuse de brindar datos erróneos. Más bien, esto sólo es una representación de cómo hacer la labor por nuestros propios medios; ahorrando de esta manera nuestro dinero dado a una persona bien intencionada que en el acto se ofrecería a efectuar el trabajo.

Índice

I

EL AUTO Y SU COMBUSTIBLE

Aunque es el propósito centrarnos en el sistema de aire acondicionado y luego en la calefacción, cualquier individuo que se haga diestro en reparar sistemas de AC automotriz, debería conocer algunos aspectos básicos de cómo se mueven los vehículos. Por ejemplo: aunque un cardiólogo sea un experto en su rama, deberá estudiar una generalidad del cuerpo humano. De modo que, antes de entrar en materia, nos detendremos en el sistema del combustible (fuel system).

EL SISTEMA DEL COMBUSTIBLE consta de los siguientes elementos:

1- El tanque de gasolina (Fuel tank).

2- La bomba de gasolina (Fuel pump).

3- El filtro (Fuel filter).

4- Las líneas o tuberías (Fuel lines).

5- El regulador de presión (Fuel pressure regulator).

6- El riel de inyectores (Fuel rail assembly).

7- Los inyectores (Fuel injectors).

BREVE DESCRIPCIÓN DEL SISTEMA

Comencemos con "la bomba de gasolina": Este componente es una pequeña máquina que, por medio de una tubería, envía gasolina desde el tanque hasta el motor del automóvil. Midiendo la presión de la gasolina, podríamos determinar cómo está funcionando la bomba. Ésta suele estar localizada dentro del tanque. Pero en algunos autos puede estar fuera del tanque.

Usando como ejemplo a los Chrysler y Dodge actuales: su tanque de gasolina es de una capacidad de 16 galones y está localizado en la parte trasera del vehículo; por debajo del mismo. En ellos, como en muchas otras marcas, la bomba de gasolina está ubicada dentro del tanque. Por su parte, el filtro de gasolina hace exactamente lo que su nombre indica: filtra impurezas separándolas de la gasolina. A causa de los altos precios del combustible, muchas personas últimamente jamás llenan el tanque. Si usted maneja a menudo con el tanque casi vacío, la humedad en el aire dentro del tanque puede causar un efecto que contamina a la gasolina. Como resultado: el filtro puede terminar tupiéndose; y posiblemente hasta los inyectores se afecten. El filtro de gasolina (en la línea que le lleva el combustible al motor) puede verse en un Plymouth Voyager por la parte de abajo de una de las puertas; en otras marcas de autos la ubicación difiere.

Hay otro componente bien importante: el fuel pressure regulator (regulador de presión). Éste se puede hallar en la zona motor; donde se encuentra el "fuel rail assembly".

El fuel rail assembly o riel de inyectores, aparte de agarrar los inyectores, puede sostener el fuel pressure regulator; este chico elemento mantiene una apropiada presión de gasolina y mete combustible sobrante, de regreso hacia el tanque, a través de otra tubería conocida como: línea de retorno. Mientras que marcas como: Toyota y Nissan, tienen el regulador de presión en este sitio: en el riel de inyectores; por el contrario, los modelos de la Dodge los tienen dentro del tanque de gasolina, montado sobre la bomba o fuel pump. Pero hay un hecho: aunque la ubicación del fuel pressure regulator no sea la misma en todos los autos, la función es la misma.

Los inyectores, uno por cada cilindro, están atados en su principio al fuel rail assembly y en su final, miran a un orificio de admisión al motor del auto.

(Fig. 1) -Bomba de gasolina.

(Fig. 2) -Filtro de gasolina.

(Fig. 3) -Fuel pressure regulator de un Toyota Corolla.

(Fig. 4) -El fuel pressure regulator pegado al extremo del fuel rail assembly. Esta especie de tubo posee los inyectores que, como jeringuillas, le introducen gasolina al motor.

PROBLEMAS FRECUENTES.

I- El motor del auto cranquea; pero no arranca.

a- No hay presión de combustible. Quizás el auto se quedó sin gasolina.

b- La linea del combustible está bloqueada por algún sitio, tal vez desconectada.

c- La bomba de gasolina ha fallado.

d- El relay de la bomba de gasolina está defectuoso.

II- Hay un largo cranqueo para que el motor arranque.

a- Puede que haya muy baja presión de combustible. Chequea el fuel pressure regulator.

b- Puede que los inyectores tengan salidero.

c- Puede estar bloqueada la ventilación del tanque de gasolina. Remueve la tapa del tanque y prueba arrancar así.

d- Puede que el problema esté en la bomba de gasolina.

III- Una vez arrancado el motor y puesto el auto en marcha, hay un pobre rendimiento. A veces se apaga el motor.

a- Baja presión del combustible. Quizás la bomba está fallando.

b- El filtro de gasolina está tupido. Necesita reemplazo.

c- Inyectores tupidos. Añade al tanque de gasolina solución de "injectors cleaner".

CHEQUEANDO LA BOMBA Y LA PRESIÓN DE GASOLINA.

Si todo da a indicar que la presión del combustible es baja, primero inspecciona las líneas; así comprobarás que el asunto no es un simple escape de gasolina. Luego remueve el tapón del tanque y dile a un ayudante que mueva la llave de arrancar a la posición de encender. Por unos segundos deberías escuchar el sonido de la bomba. Arranca el auto y el sonido debe ser continuo; aunque difícil de percibir. Si no hay sonido, la bomba no está respondiendo.

Revisa el Relay fuel pump; puede estar debajo del instrument panel, cerca de la columna de dirección. Quizás se halle bajo el capó, en la caja de Relay. O hasta podría estar cerca de la bomba de gasolina, junto al tanque mismo. Comprueba que al Relay le esté llegando los 12 volts. También revisa los fusibles en el panelito del área de pasajeros. Revisa el conector eléctrico de la bomba de gasolina.

1- Remueve el tapón de la válvula schrader. Esta válvula está sobre el fuel rail assembly (en algunos motores de 4 cilindros).

2- Acopla el medidor de presión a la válvula schrader.

3- En motores de 6 cilindros seguramente no hay válvula schrader. En todos los casos que no exista este puerto, se puede instalar una adaptación especial (en forma de T) entre la línea que suministra la gasolina y el fuel rail assembly. Para ello:

a-desconecta la línea del suministro, del fuel rail assembly.

b-instala la T entre la línea de suministro y el fuel rail assembly.

c-instálale el medidor de presión a la T.

4- Arranca el motor del auto y observa la lectura que da el medidor. Quizás entre 35 y 45 psi esté bien.

5- Espera quince minutos. Si la presión se mantiene baja, quizás con 0 psi, chequea por alguna restricción en la línea de gasolina. Si la línea está OK, tal vez el filtro esté tupido o la bomba fallando.

(Fig. 5) -Medidor de presión.

(Fig. 6) -Adaptación especial que se puede colocar entre la línea del suministro de gasolina y el fuel rail assembly.

(Fig. 7) -Punto de unión entre la línea del suministro y el fuel rail assembly. Note el aro de cierre.

(Fig. 8) -El fuel rail assembly. Tiene en el borde izquierdo el fuel pressure regulator. Por el borde derecho le llega la línea del suministro de gasolina; en esta unión se puede instalar la T.

REEMPLAZANDO LA BOMBA DE GASOLINA

1- Desconecta el cable negativo de la batería.

2- Vacía el combustible del tanque. Puedes remover el plug que está en el fondo y si no, puedes extraer el combustible por medio de un siphon pump.

3- Eleva el auto con unos gatos seguros.

4- Remueve el tanque de gasolina del vehículo.

5- Halla la bomba de gasolina y retírala de su sitio. Debes también desunir el conector eléctrico.

Nota: Si se pone una nueva bomba, la mejor opción es instalar un nuevo filtro de gasolina.

LOS INYECTORES.

CHEQUEÁNDOLOS:

El siguiente método para chequear los inyectores se realiza con el motor del auto apagado:

a- Desconecta el conector eléctrico del primer inyector.

b- Con el conector eléctrico desconectado, usa un jumper wire o cable saltador para conectar un terminal del inyector al terminal positivo de la batería.

c- Ata otro jumper wire al otro terminal del inyector. Conecta y desconecta rápidamente al terminal negativo de la batería. El inyector deberá hacer un leve sonidillo. Si no hace sonido alguno, el inyector no está bueno; debería ser reemplazado.

d- Continúa examinando de esta forma los demás inyectores.

El siguiente método para chequear los inyectores se realiza con el motor encendido, sin ser acelerado:

a- Desconecta el conector eléctrico del primer inyector. Al hacerlo, deberá apreciarse momentáneamente una disminución de las rpm del motor. Luego aumentarán de nuevo las rpm.

b- Si esto no sucede y el motor sigue con un ritmo constante de rpm, es muestra de que el inyector no está funcionando como debía.

c- Haz lo mismo con los siguientes inyectores.

REEMPLAZÁNDOLOS:

1- Desconecta el cable negativo de la batería.

2- Si algo estorba, remuévelo para tener acceso al fuel rail assembly.

3- Separa la línea del suministro de gasolina del fuel rail assembly.

4- Desconecta los conectores eléctricos de los inyectores.

5- Remueve del vehículo el fuel rail assembly. Para ello, retira los pernos. Entonces retira el fuel rail assembly con los inyectores atados.

6- Usando un destornillador, remueve el clip que asegura el inyector al fuel rail assembly. Libera el inyector del fuel rail assembly.

(Fig. 9) -Inyectores.

II

EL SISTEMA DE AIRE ACONDICIONADO

EL SISTEMA DE AC consta de los siguientes elementos:

1. El compresor (compressor).

2- El condensador (condenser).

3- El acumulador (accumulator). <u>Nota</u>: Si el sistema no trae acumulador, puede que en su lugar haya un receiver-dryer.

4- La válvula de expansión (expansion valve). <u>Nota</u>: Si el sistema no trae válvula de expansión, puede que en su lugar haya un orifice tube.

5- El evaporador (evaporator).

Estos cinco elementos se comunican uno del otro por medio de mangueras o tuberías. El refrigerante circula y he ahí el entero sistema de AC de los automóviles. ¡Qué sencillo!

Pero para comprender más este extraordinario sistema, écheles una mirada a las siguientes figuras. Luego no le resultará difícil identificar a cada elemento en su auto.

(Fig.10) -Compressor.

Se encuentra junto al motor; lleva una polea. Algunos autos los tiene visibles por la parte de arriba; mientras que otros, por la parte de abajo; siendo de esa manera más difícil su acceso a la hora de·llegarle con el fin de reemplazarle.

(Fig. 11) -Condenser.

Se halla delante en el automóvil. Se asemeja a un radiador y está ubicado frente a éste.

(Fig. 12) -Accumulator.

Mientras que éste está ubicado casi siempre en la línea de salida del evaporator; o sea, en el lado bajo del sistema. Por el contrario, el receiver-dryer está situado usualmente en el lado alto del sistema. O lo que es igual: en la línea de entrada al evaporator. Recuerda que generalmente el vehículo lleva uno solo de ellos; o receiver-dryer o accumulator.

Fig. 13) -Receiver-dryer (Filtro secador).

A diferencia del acumulador, el filtro secador posee en la parte superior una pequeña mirilla que muestra el refrigerante circulando en el sistema.

(Fig. 14) -Orifice tube (Tubo orificio).

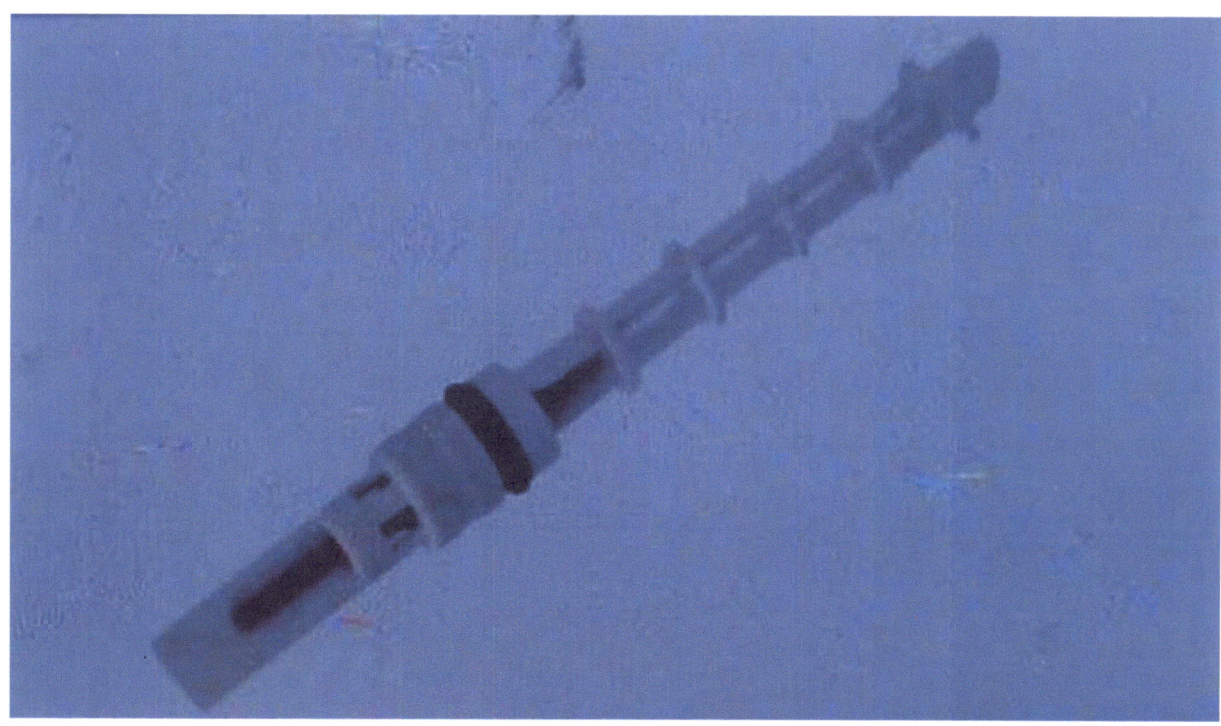

(Fig. 15) -Expansion valve (válvula de expansión).

La expansion valve está bien pegada al evaporator. Igualmente, el orifice tube se localiza cerquita del evaporator; en la línea de entrada al mismo o lado alto del sistema. Recuerda que generalmente el vehículo lleva uno solo de ellos: orifice tube o expansion valve.

(Fig. 16) -Evaporator.

Casi siempre bajo el instrument panel (en el área de los pasajeros). Algunos autos los tiene bajo el capó; es decir, fuera del área de pasajeros: pegados a la pared que divide entre el motor y la cabina. El evaporator está al lado de otro componente llamado heater core. Y ambos se hallarán metidos adentro de un housing o envoltura. También habrá entre el mismo housing un ventilador (blower).

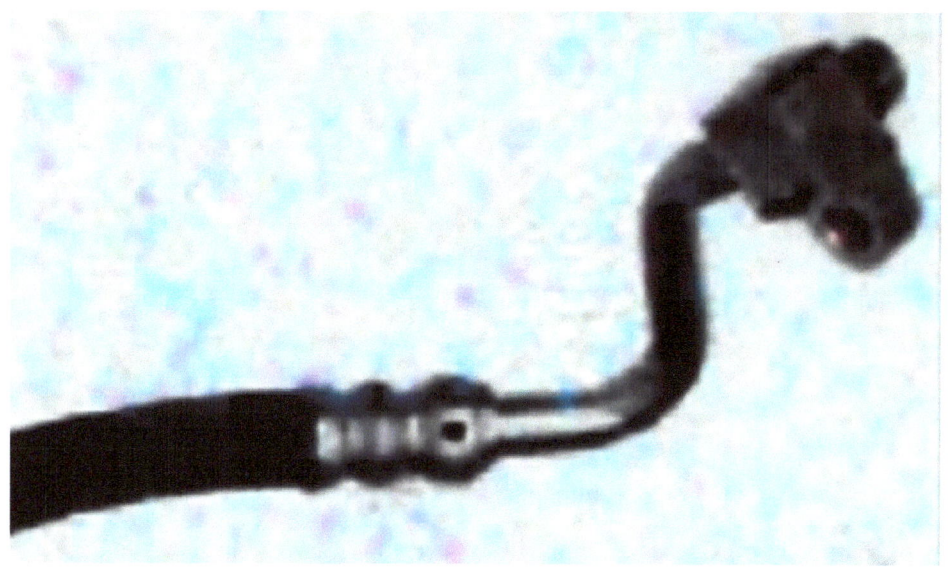

(Fig. 17) -Hose (Manguera).

Mediante mangueras como ésta, se unen los componentes que forman el sistema de AC. Las mismas son los conductos para hacer circular el gas.

EL CICLO

En este libro hablaremos brevemente sobre varios sistemas automotrices con sus respectivos ciclos. Y aunque no tiene que ver mecánica con anatomía, quisiera hacer mención del sistema circulatorio del hombre. El motivo se debe a que el sistema de AC guarda un leve parecido con el sistema circulatorio humano. Este último está compuesto de un corazón que mediante contracciones rítmicas, hace circular la sangre por entre una tubería que no termina: las arterias y las venas. Mientras que las arterias van hacia los órganos del cuerpo, las venas vienen de los mismos. Así cada órgano recibirá mediante la sangre, oxígeno proveniente de los pulmones. Este precioso líquido es purificado por los riñones. Luego que los órganos asimilen el oxígeno, la sangre sacará de los mismos el deshecho y le conducirá a los pulmones nuevamente, para ser liberado al exterior. El ciclo siempre es el mismo.

Algo parecido sucede en el sistema de AC.

1- Tenemos primeramente el compresor. Éste, como el corazón, es la bomba que hace circular el gas por entre la tubería no interrumpida del sistema. Para el tiempo en que se escribe este libro, los autos utilizan un refrigerante denominado R134ª. El compresor adsorbe por un lado una baja presión de este gas, con baja temperatura; a este lado le llamaremos "lado de succión". El gas es bombeado y sale por el otro lado del compresor con una alta temperatura y presión. A este otro lado le identificaremos como: "lado de descarga".

2- El condensador. Toma el caliente gas que viene como vapor desde el compresor. El vapor refrigerante entra en el tope del condensador y fluye a través del enrollado. A medida que fluye, yendo hacia abajo, la temperatura del gas va bajando. Es bueno señalar que el condensador recibe aire fresco de un ventilador ubicado ante él. Finalmente, el gas que ha entrado como vapor, se tornará en líquido. Y así, como líquido, el gas saldrá del condensador por la parte de abajo.

3- El filtro secador: Sirve como tanque de depósito para el gas líquido que ha salido del condensador. Sabiamente el filtro secador le dará al evaporador lo que éste necesite, ya que el evaporador demanda una suma variada de gas, según las condiciones de uso.

Protege el entero sistema de AC, ¿cómo? Al contener en su interior un secante que adsorbe la humedad del gas.

Nota: La función del acumulador corresponde a la del receiver-dryer (o filtro secador). Es decir, almacena gas y remueve humedad. La humedad es una impureza que llevaría al entero sistema de AC a un estado poco eficiente o sin funcionar. De modo que el acumulador, o su equivalente, viene siendo el riñón de este sistema; hace puro el refrigerante.

Si algún gas líquido se escapa afuera del evaporador, este será almacenado en el acumulador. El gas líquido dañaría al compresor de no ser por la intervención del pequeño e importante tanque de depósito de que estamos hablando.

4- La válvula de expansión: Para que el enfriamiento en el área de los pasajeros sea el correcto, la cantidad de gas hacia el evaporador debe ser controlada. Esto se logrará gracias a la expansion valve (válvula de expansión). Un orificio que se abre y se cierra entre la válvula, cambia la presión del llegado refrigerante desde alta, hasta baja presión. De modo que el evaporador recibirá la suma apropiada de gas, a decisión de la persona que opera el AC.

5- El evaporador: Cuando encendemos el aire acondicionado en nuestro vehículo, un aire caliente proveniente del área de los pasajeros chocará sobre el evaporador. El evaporador recibe asimismo el gas otorgado por la válvula de expansión; este gas viene frío y líquido. Y mientras pasa el gas por el enrollado del evaporador, el cálido aire se mueve encima de dicho enrollado. Como el líquido gas recibe calor de este aire, toma lugar un cambio de estado (de una baja presión líquida hacia una baja presión vapor). La temperatura del gas en forma de vapor, en la salida del evaporador, debe ser más alta que la temperatura del gas en forma líquida en la entrada del evaporador.

El aire cálido soplado sobre el evaporador contiene alguna humedad. La humedad será condensada en el evaporador y será drenada afuera, convertida en agua. Un tubo de drenaje en el fondo del evaporador conducirá esta agua, lejos del automóvil.

Un importante componente para que el evaporador enfríe, es el ventilador (Blower). Este ventilador está, como ya mencionamos, en el área del evaporador. Es dicho ventilador quien atrae al aire caliente desde el compartimiento de los pasajeros, sobre el evaporador. También sopla el enfriado aire que atraviesa al evaporador, hacia afuera; o sea, hacia el área de los pasajeros.

A continuación presentaré de forma rústica el ciclo del refrigerante, para que se tenga una visión de cómo fluye el gas en estos sistemas de AC. Este ciclo, como sucede en el sistema circulatorio de los seres vivos, se repite invariable. Pero antes, es bueno tener presente que en todos los sistemas de aire acondicionado, existen dos lados: un lado de alta (high side) y un lado de baja (low side).

El lado de alta es la parte que transporta alta presión de gas, con alta temperatura. Está identificado con el puerto de servicio cuya tapa suele ser roja. Comienza en la salida del compressor (lado de descarga) y sigue a través del condenser. Termina en la expansion valve (o el orifice tube).

El lado de baja es la otra parte del sistema. El gas tiene baja presión y su temperatura es baja. Comienza en la salida de la expansion valve y sigue a través del evaporator. Termina en el lado de succión del compressor. Está identificado con el puerto de servicio cuya tapa suele ser azul; a veces es negra.

En una parte determinada de las mangueras o tuberías de AC que se hallan en su auto, usted podrá localizar los dos puertos de servivio. La tubería del lado de baja es más gorda que la del lado de alta.

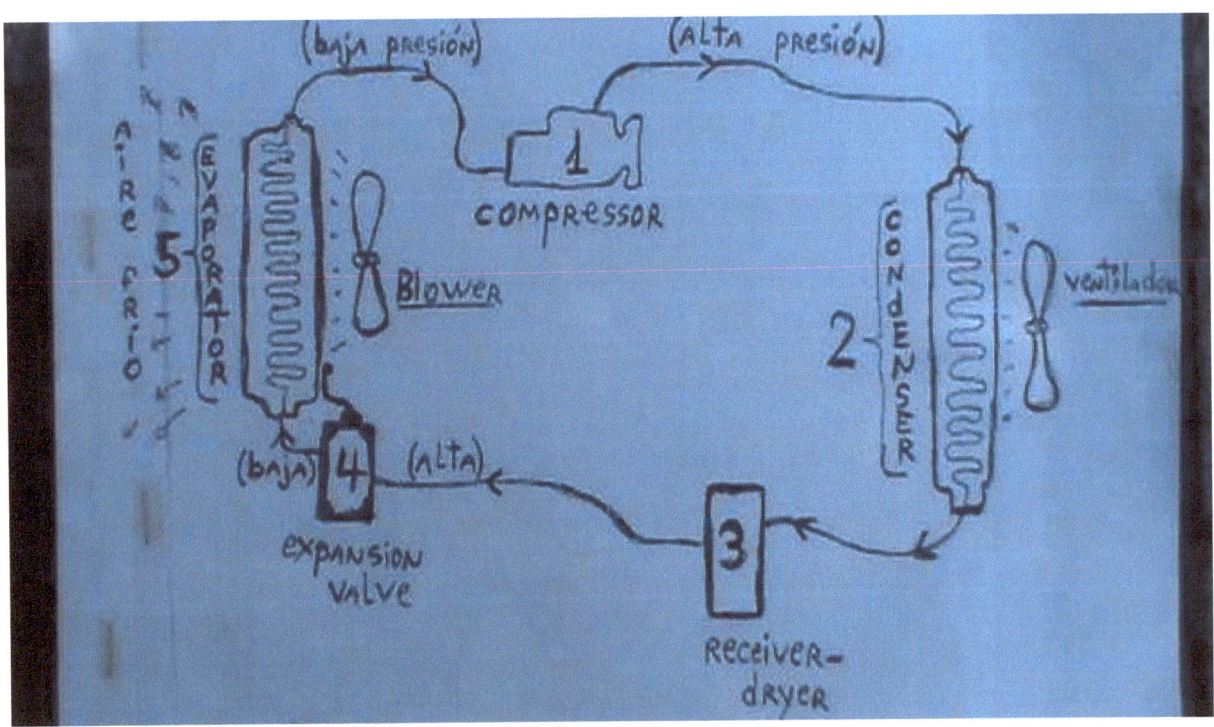

(Fig. 18) -Esquema de un sistema de AC automotriz.

(Fig. 19) -Los dos puertos de servicio del sistema de AC en un Toyota.

III

PRINCIPALES HERRAMIENTAS

Un factor importante para realizar una buena reparación en el sistema de AC es el uso de las herramientas apropiadas. El manifold (o juego de medidores) es indispensable. También juega un papel significativo el uso de la vacuum pump y una recovery machine. De más está decir, que se necesitarán destornilladores, pinzas y llaves para tuercas. Un compresor de aire será de gran utilidad, como unos buenos gatos y rampas para subir el vehículo. Con un termómetro se podrá medir la temperatura en la rejilla que viene del evaporador. Ningún técnico de AC debería carecer de un multímetro, pues a veces el problema es eléctrico. Por ejemplo: puede que al compresor no le esté llegando los 12v conque efectúa su función. O quizás el ventilador del condenser no recibe corriente. Hay además una herramienta que no siempre se usará, pero en un momento determinado quizás sea útil. Si fuese necesario hacer un reemplazo del orifice tube, la siguiente llave le puede ayudar:

(Fig. 20) -Orifice tube tool.

(Fig. 21) -Multimeter.

(Fig. 22) -Rampas.

En este oficio viene de maravillas el poseer un detector electrónico de salideros.; como además unos espejuelos ultravioletas y una linterna UV. Y algo importante: siempre use los medios de seguridad necesarios para evitar accidentes. Use gafas para proteger sus ojos, quizás guantes o delantales. Evite trabajar con prendas: pueden enredarse y provocar daños no sólo al vehículo; también a usted. Si su pelo es largo, recójaselo antes de comenzar.

(Fig. 23) -Manifold gauge set.

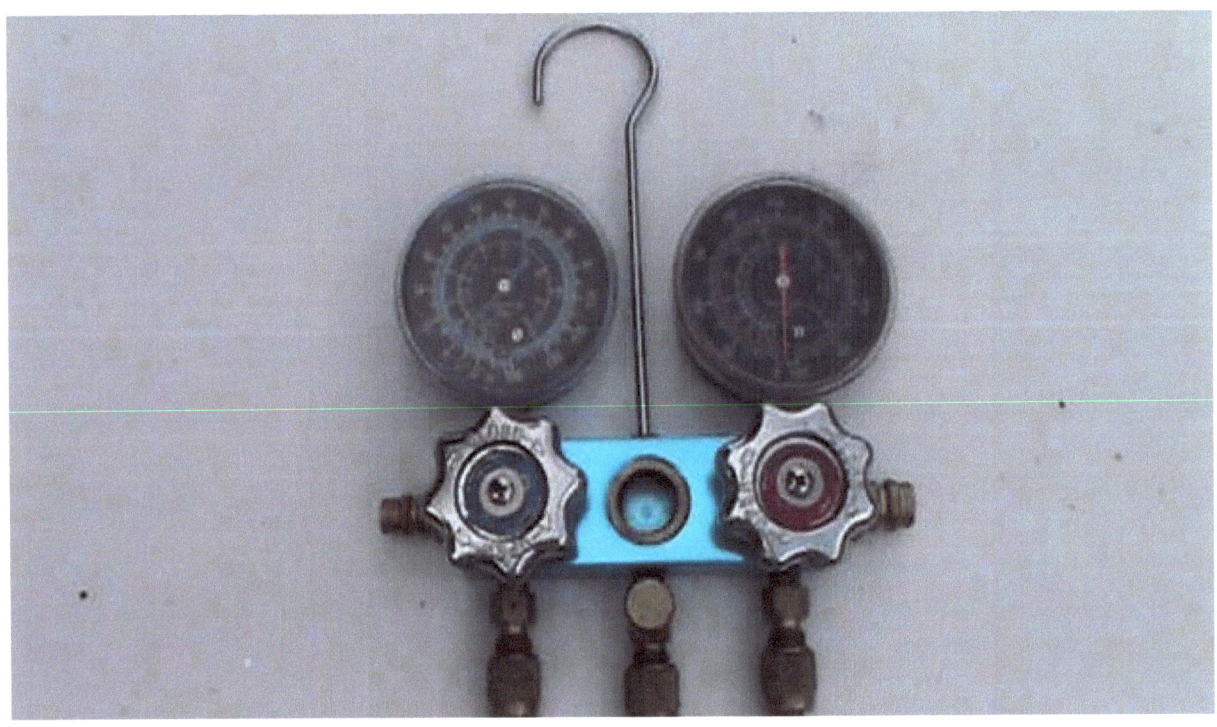

I- <u>El manifold o juego de medidores</u>: Sin dudas es la herramienta más importante para un técnico de AC. La esfera con el color azul es usada para medir la presión refrigerante del lado de baja. Su escala llega hasta 350 psi (pounds per square inch) "libras por pulgada cuadrada". La esfera con el color rojo, se usa para medir el lado de alta. Su escala llega hasta 500 psi.

Cuando se esté midiendo con el juego de medidores, las dos válvulas deben estar cerradas. Las agujas de los relojes, con las válvulas cerradas, marcarán la presión del refrigerante que impera en el sistema. Algo que debes tener presente: nunca abras la válvula del lado de alta mientras el sistema de AC esté funcionando. Esto podría romper la válvula e incluso… causar daño a tu persona. Además, el juego de medidores que usarás para un sistema automotriz, difiere del que se emplea para un sistema comercial o residencial. Por ello ten en cuenta que debes usar medidores para R134ª.

Los medidores poseen tres mangueras: una de color azul, otra es amarilla y la tercera, roja. La manguera azul es enroscada bajo el reloj azul del juego y atada en el puerto de baja que se halla en el automóvil. La manguera roja se enrosca bajo el reloj rojo del juego y se ata al puerto del lado alto del sistema. La manguera amarilla, se enrosca en el medio del medidor y sirve para añadirle refrigerante al sistema mediante un frasco lleno que se habrá adquirido antes de comenzar el trabajo.

A continuación haremos estancia en las lecturas obtenidas con el juego de medidores. Pero antes, hay ciertos factores que deben conocerse.

psi es la "presión atmosférica". Esta es de 14.7.

La lectura de la presión en los relojes varía de acuerdo a la altura sobre el nivel del mar. Es de, más o menos, media libra menos por cada mil pies sobre el nivel del mar. Por ejemplo: a cero pies sobre el nivel del mar, la presión atmosférica será de 14.7 psi. Pero a 1000 pies sobre el nivel del mar, la presión atmosférica será de unos 14.2 psi.

También, la lectura de la presión en los relojes del manifold varía por la temperatura ambiental. Es decir, mientras mayor sea la temperatura en el medio ambiente, mayor será la lectura en los relojes.

Para darle comienzo al uso del manifold, haz lo siguiente:

1- Instálale el manifold o juego de medidores a los puertos de alta y de baja de tu auto. Los acoples están fabricados para agarrarse firmemente a los puertos evitando que se escape el gas.

2- Enciende el motor del vehículo.

3- Enciende el aire acondicionado y ponlo en el máximo.

4- Observa las lecturas que da el manifold para la low-side y la high-side. O sea, lado de baja y lado de alta.

5- Compara estas lecturas con la "Tabla existente para el refrigerante R134$^{a"}$.

I- Lectura: Low side - normal. High side - normal (El sistema está funcionando bien)

II- Lectura: Low side - baja.   High side - baja   (El sistema tiene poco refrigerante)

III- Lectura: Low side - baja.   High side - alta   (Hay un bloqueo del gas, quizás en la expansion valve)

**

IV- Lectura: Low side - alta.   High side - baja   (El compresor está fallando)

V - Lectura: Low side - alta.   High side - alta (Hay refrigerante de más en el sistema)

TABLA PARA EL REFRIGERANTE R134ª.

Temperatura ambiente En grados Fahrenheit (F°)	Low side Lado de baja (PSI)	High side Lado de alta (PSI)
65	25 - 35	135 - 155
70	35 - 40	145 - 160
75	35 - 45	150 - 170
80	40 - 50	175 - 210
85	45 - 55	225 - 250
90	45 - 55	250 - 270
95	50 - 55	275 - 300
100	50 - 55	315 - 325
105	50 - 55	330 - 335

Si el sistema de AC tiene poco refrigerante, añade hasta llegar a una cantidad requerida. Si la expansion valve bloquea el sistema, reemplázala. Si el compresor no sirve, quítalo e instala otro. Y si ves una sobrecarga de refrigerante en el sistema, elimina un poco hasta llegar al límite adecuado. Importante: Si detectas que el sistema no tiene refrigerante alguno, lo más lógico es concluir que hay salidero. Localízalo, repáralo y rellena nuevamente.

(Fig. 24) -Juego de acopladores para los puertos de baja y de alta. Las mangueras del manifold se enroscan a ellos.

(Fig. 25) -Thermometer.

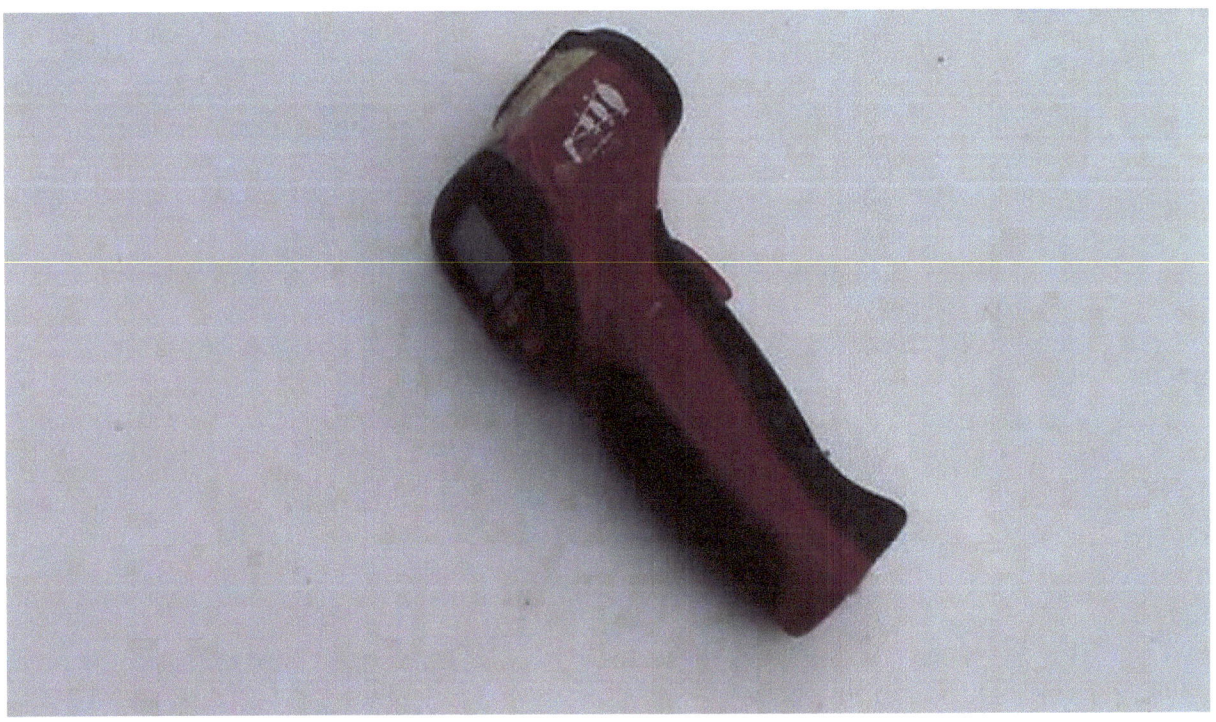

II- <u>El thermometer o termómetro</u>: Se usa para medir la temperatura. Para ponerlo a funcionar: presiona el botón gatillo. Oprime el pequeño botón trasero para activar el rayo que se proyectará en el punto que desees medir. El display del termómetro dirá la temperatura.

(Fig. 26) -Bomba de vacío.

III- <u>La vacuum pump o bomba de vacío</u>: Si un sistema de AC ha sufrido una pérdida considerable de refrigerante (quizás esté vacío) y uno o varios de los elementos ha dejado de funcionar correctamente, el sistema deberá ser "evacuado" antes de poner nuevo refrigerante. La humedad y el aire deben ser extraídos del entero sistema por medio de la vacuum pump. Este paso de extraer es una "evacuación". Es importante esta operación porque humedad y aire son contaminantes que no son compatibles con el refrigerante. Obstruyen su movimiento a través del sistema y crean ácidos corrosivos. El refrigerante que se ha contaminado debe ser extraído urgente.

La escala de la bomba de vacío va desde 0 hasta 30 in-hg (pulgadas de mercurio). La lectura para indicar un vacío total varía por la altura sobre el nivel del mar. La lectura estándar de cero pies por encima del nivel del mar es de 29.92 in-hg.

CÓMO USAR LA VACUUM PUMP.

1- Conecta la manguera azul del manifold al puerto de baja del sistema de AC.

2- Conecta la manguera roja del manifold al puerto de alta.

3- Conecta la manguera amarilla del centro del manifold a la toma de la vacuum pump. Abre la válvula de descarga de la vacuum pump o remueve la tapa de descarga, en caso de llevarla.

4- Abre las dos válvulas del manifold: la roja y la azul. Arranca la vacuum pump.

5- Al pasar algún tiempo, con el reloj rojo puesto en 0; el azul leerá 28 ó 29 in-hg. Si esta cifra no se puede alcanzar, apaga la vacuum pump y busca un posible salidero en las mangueras o en las uniones. Luego enciende la bomba otra vez y mantenla en función con la antedicha cifra por una media hora.

6- Pasado este tiempo, apaga la vacuum pump y cierra la válvula roja del manifold. La presión podrá subir un poco, es normal.

7- Observa el reloj azul del manifold. Cerciórate de que el nivel de vacío permanece igual durante unos cinco minutos. Si se mantiene igual, es muestra de que no hay salidero. Pero si por el contrario, se indica pérdida de vacío, hay fuga en el sistema. Será necesario solucionar este problema; pues si no, cuando se le añada el refrigerante; éste se perderá poco a poco hasta quedar en cero otra vez.

8- Cierra la válvula azul.

9- Sin humedad en el sistema y sin muestras de escape, todo estará listo para llenar con el nuevo refrigerante.

10- Desata la manguera amarilla de la vacuum pump y conéctala a continuación a la botella del refrigerante que ha de ser puesto en el sistema de AC.

11- Enciende el vehículo y también su aire acondicionado. Abre la válvula azul del manifold; mantén cerrada la roja.

12- Llena el sistema comparando con la tabla para R134ª. Debes conocer qué temperatura ambiente existe. Para ello usa el thermometer. Cuando la lectura del manifold sea la apropiada, detén la recarga.

13- Llega a la cabina de los pasajeros para que notes el buen fresco que impera. Asegúrate de escuchar el sonido del ventilador del evaporador; debe estar trabajando. Usando el thermometer, mide la temperatura en una de las ventanitas que conducen al evaporador. Entre 40 y 43° F vienen de maravillas.

(Fig. 27) -Detector de fugas.

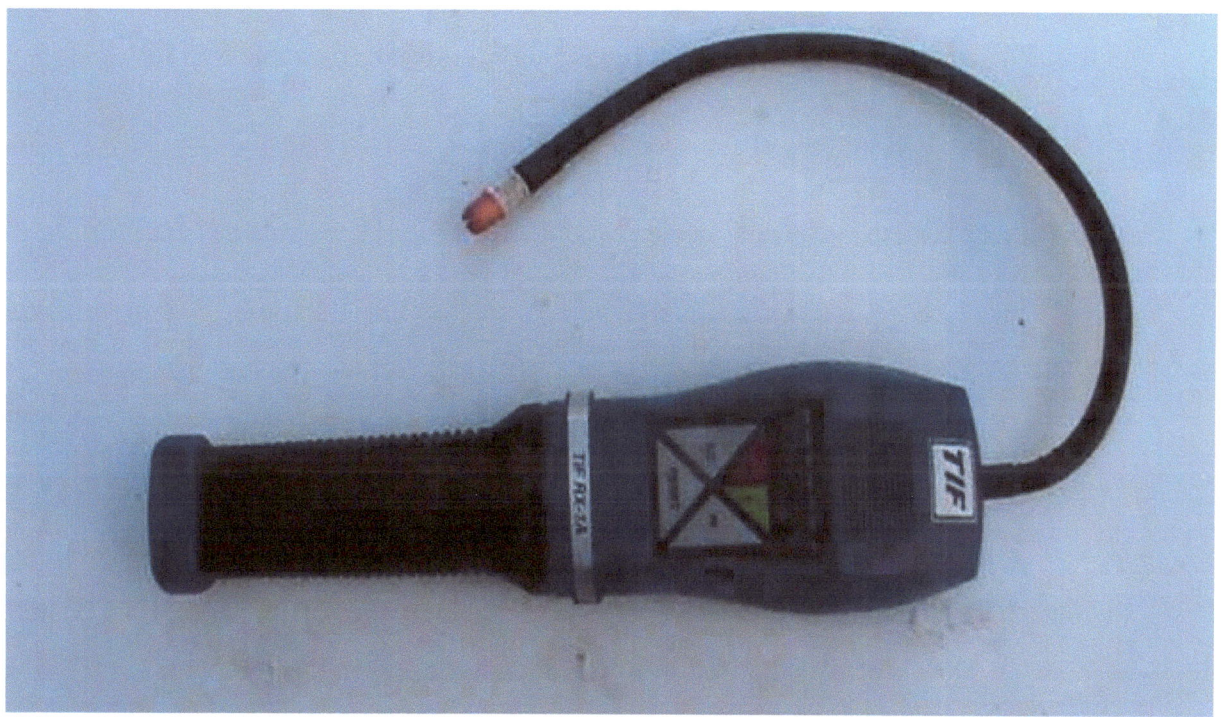

IV- <u>Leak detector o detector de fugas</u>: Cuando en un sistema hay bajo nivel de refrigerante, debe suponerse que hay una fuga. Se debe detectar dónde ésta se halla con el fin de repararla. Las fugas o escapes pueden ocurrir debido a las uniones flojas, mangueras deterioradas o líneas de metal dañadas. Muchos escapes son el resultado de la normal vibración del motor, el cual afloja las uniones de roscas o fatiga las uniones de metal, haciendo que se rompan. Para reparar esas fugas, se necesita reparar (o tal vez reemplazar) la zona afectada.

CÓMO HALLAR LOS ESCAPES.

Existen varias opciones.

- "Opción de agua enjabonada": Aplica agua enjabonada en la supuesta zona del escape. Con un sepillo de dientes, aplica en todas las uniones de roscas y conexiones. Enciende el motor del auto y enciende el AC. El refrigerante escapando hará que la solución de agua enjabonada produzca burbujas. Una vez detectado el salidero, aprieta con dos llaves la unión floja o repara los componentes con fuga; quizás el compresor o tal vez el condensador. O puede que el escape se halle en el gusano de una de las válvulas del sistema. Aprieta el gusano con una llavecilla de apretar gusanos y si el mal sigue, reemplázalo.

-- "Opción de la luz ultravioleta (UV)": Se necesitan unos espejuelos UV, una linterna UV, un frasco de colorante UV para detectar fugas y un frasco de refrigerante R134ª.

1- Enciende el motor y el aire acondicionado.

2- Ponte los espejuelos UV. Añade el colorante UV por la válvula de baja.

3- Luego añade el refrigerante R134ª, también por la válvula de baja. Esto se hace con el propósito de distribuir el colorante UV por todo el sistema.

4- Apaga el AC y apaga el motor del auto.

5- Con la linterna, busca con cuidado la fuga por las uniones, por los gusanos de las válvulas, por el cuerpo del compresor, por el acumulador, por el condensador. Para comprobar el evaporador, fíjate si el agua drenada presenta síntomas de contaminación.

6- Una vez hallada la fuga, repárala.

---"Opción del detector electrónico de fugas":

Enciende el motor y el sistema de AC. Enciende el detector de fugas presionando el power botón. Las luces se iluminarán durante el arranque. Con la high light encendida y un reiterado sonar: pi, pi, pi, pi; el detector está listo para hallar fugas. Suavemente, recorre con el instrumento, poniendo el censor cerca de todos los componentes del sistema y las uniones. La manguera del censor es manuable y podrá doblarse o permanecer derecha a tu antojo. Una vez que el instrumento detecte la fuga, emitirá un tono diferente y la señal de luz se incrementará.

(Fig. 28) -Compresor.

V- <u>El compresor de aire</u>: El refrigerante que se ha contaminado dentro de un sistema de AC deberá ser eliminado; nunca se debería recargar poniendo nuevo refrigerante con refrigerante contaminado, ya que el nuevo también quedará impuro. De modo que el sistema de AC deberá ser descargado; o sea, vaciado totalmente del viejo refrigerante. Se deberá evacuar o eliminar el aire y la humedad por medio de la vacuum pump. Y entonces entrará en el juego un nuevo procedimiento; aunque no siempre será necesario: el sistema se deberá "enjuagar". Es aquí donde entra el uso del compresor de aire. Pero… ¿en qué consiste este enjuague? Consiste en eliminar la suciedad interna del sistema: extrañas materias que al igual que el aire y la humedad, deterioran el buen funcionamiento del mecanismo. El enjuague es esencial siempre que haya un reemplazo del compresor por rotura. Si no se enjuaga, ciertas partículas de metal que llegaron del antiguo compresor podrían circular otra vez y regresar al nuevo compresor para ocasionarle serios daños o incluso, dejarlo sin funcionar. Así, el nuevo compresor durará poco tiempo.

CÓMO ENJUAGAR UN SISTEMA.

1- (Según el modelo de la pistola de enjuague) Conecta un terminal de la manguera que se utilizará a la pistola de enjuague. El otro terminal al compresor de aire. El cilindro o recipiente debe contener el líquido "clean and flush" que se usará.

2- Es bueno señalar que se puede enjuagar alguno de los componentes del sistema: alguna manguera, el condenser, el evaporator. Estos dos últimos no tienen que ser removidos del vehículo para ser enjuagados. Y se puede limpiar además el entero sistema. Pero no se debe enjuagar el compresor solo, ni el acumulador solo. Hacerlo, removería el aceite y podría dañar las partes internas de uno u otro.

Para enjuagar una parte del sistema; digamos una línea o manguera, ponla en posición vertical. Fija un terminal de la manguera de enjuague sobre la entrada de la línea. La salida de la línea se dirigirá adentro de un recipiente puesto debajo. Inserta la boca de la pistola al otro terminal de la manguera. Presiona el gatillo de control. Arranca el compresor de aire. El líquido presurizado por el compresor de aire limpiará la línea e irá asimismo al recipiente debajo.

Para enjuagar el entero sistema, remueve primero la expansion valve, o si lo lleva, el orifice tube. Desenrosca la tapa del cilindro de enjuague y pon suficiente líquido "clean and flush" en su interior. Enrosca nuevamente la tapa. Con el compresor de aire andando, presuriza el cilindro entre 90 y 125 psi. Debido a que este limpiar remueve el aceite, será necesario reponerlo. Para el condenser: unas 2 onzas. Para el evaporator: unas 2 onzas. Para el receiver-dryer: 1 onza. Para el acumulador: 4 onzas. Para el compresor: 4 onzas. Ten en cuenta que el aceite en estos casos, es el aceite refrigerante PAG. Puede ser PAG 46, 100 ó 150. Consulta con una persona capacitada o usa el manual del fabricante para saber qué tipo de aceite lleva tu auto.

(Fig. 29) -Flusher gun (pistola para enjuague).

(Fig. 30) -Máquina de recuperación.

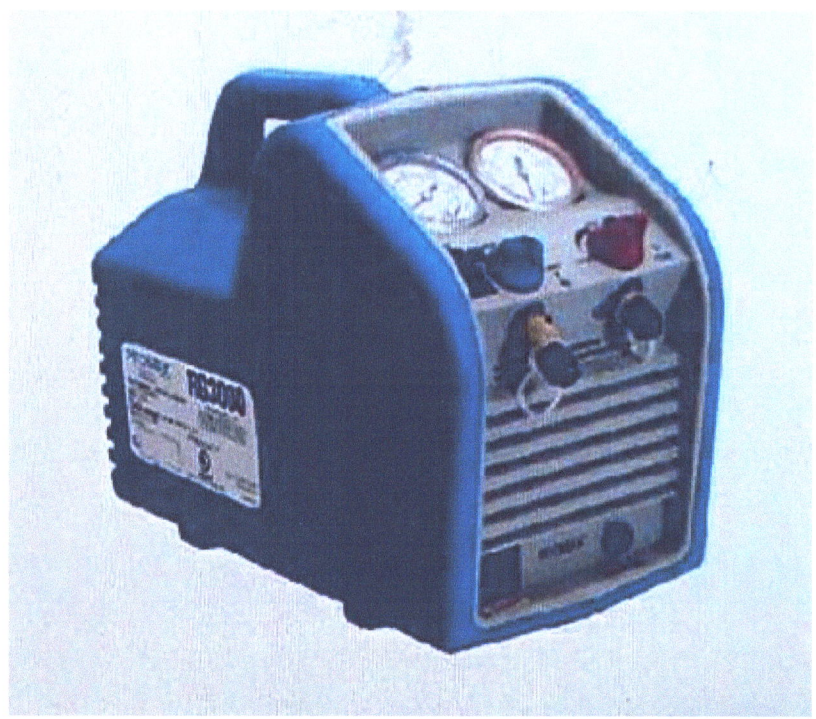

VI- La recovery machine o máquina recuperadora: Si se necesita remover o descargar del sistema el refrigerante, se puede almacenar en la máquina de recuperación. Este refrigerante no se perdería; más bien, podría ser usado de nuevo en el futuro. Por lo general, las recovery poseen un lado de alta adonde se conecta la manguera roja y un lado de baja, adonde irá la manguera azul. Las válvulas abiertas de la recovery machine permitirán que el refrigerante salga del sistema de AC y se introduzca entre la machine.

Si se fuera a usar refrigerante almacenado en la recovery machine, asegúrate de que sea el tipo que necesitas. Jamás mezcles diferentes refrigerantes en un sistema; esto podría causar daños. Ni el refrigerante R22 ni su sucesor, el R410[a], son usados para automóviles. Sólo se emplea el R134[a]. O tal vez, como caso raro, el refrigerante R12.

Nota: Desde 1992, el R12 quedó atrás debido a los daños causados en la capa de ozono.

(Fig. 31) -Líquido "clean and flush", ideal para enjuagar un sistema de AC.

(Fig. 32) -Lata de 12 onzas de Refrigerante.

IV

ECHANDO REFRIGERANTE

Un viejo refrán dice: "El que no sabe, es como el que no ve"; ¡no hay nada tan cierto! A veces surge algo sencillo en el sistema de AC y lo dejamos de la mano pensando que no es el momento oportuno para hacer gastos; o tal vez, rápidamente acudimos a alguien para que solucione el problema; estando dispuestos a pagar lo que éste nos pida. Sin duda, esto es un gasto innecesario pues bien podemos arreglarlo nosotros mismos.

A modo de ejemplo: El vehículo enfría poco. Como solución inmediata se añadirá refrigerante. No tiene que llamar a nadie, a menos que esa persona quiera hacerle un favor. Ni tiene que esperar mucho tiempo. Sencillamente haga lo siguiente:

- Adquiere el refrigerante R134ª necesario. Puedes escoger la lata que trae 12 onzas; pero la botella tiene mejores condiciones. La ilustración que viene, muestra un recipiente ideal para que una persona que jamás haya hecho esto, lo efectúe eficaz. Nota que viene con su manguera y con su acople. Y trae además un pequeño reloj cuya aguja indicará hasta cuándo se debe llenar el sistema.

(Fig. 33) -Botella de R134ª y lata de 12oz.

1- Encuentra en tu automóvil el puerto de servicio de baja. Recuerda que casi siempre tiene una tapa azul y está sobre la línea refrigerante más gruesa. Retira la tapa.

2- Conecta el acople de la botella al puerto de servicio de baja. El acople viene como anillo al dedo.

3- Arranca el motor. Enciende el aire acondicionado y ponlo en el máximo.

4- Durante la recarga, sostén la botella verticalmente y con el tope hacia abajo. Cada dos o tres segundos, gírala entre las 12:00 y las 3:00 horas de un reloj. Agítala constantemente de un lado a otro.

5- Sigue con el proceso, revisando la presión indicada en el reloj de la botella.

6- Cuando termines, retira el acople del puerto. Coloca la tapa azul donde antes y… ¡A disfrutar del aire!

También es sencillo rellenar el sistema con una lata de 12oz. Puedes obrar así:

1- Toma en tus manos una válvula para latas. Gira su mariposa de derecha a izquierda, hasta el máximo.

2- Enrosca la válvula para latas en el frasco de 12oz de refrigerante.

3- Toma en tus manos el manifold y asegúrate de que sus dos válvulas estén cerradas.

4- Enrosca la manguera amarilla del manifold a la válvula para latas.

5- Enfoca tu atención ahora en el puerto de servicio de baja de tu vehículo; retira la tapa protectora. Conecta el acople de la manguera azul del manifold sobre éste.

6- Abre la válvula azul del manifold y abre además la válvula para latas. Primero dale vueltas a la mariposa de izquierda a derecha para perforar el sello de la lata; luego le das vueltas en sentido contrario para abrir y darle salida al refrigerante. Enciende el motor del auto. Enciende el AC y ponlo en el máximo.

7- Como mismo se hace con la botella de R134[a], coloca la lata de 12oz verticalmente con el tope hacia bajo y elevada a la altura de tu rostro. Agítala mientras se carga el sistema.

8- Compara la lectura del reloj azul del manifold con la tabla para refrigerantes R134ª. Llena el sistema hasta un rango acorde con la tabla.

9- Cuando termines, cierra la válvula azul del manifold. Cierra la válvula para latas. Retira el manifold del puerto de servicio del auto y vuelve a colocar la tapa protectora. Libera la lata usada de la manguera amarilla y…, misión cumplida.

(Fig. 34) -Válvula para latas de refrigerantes.

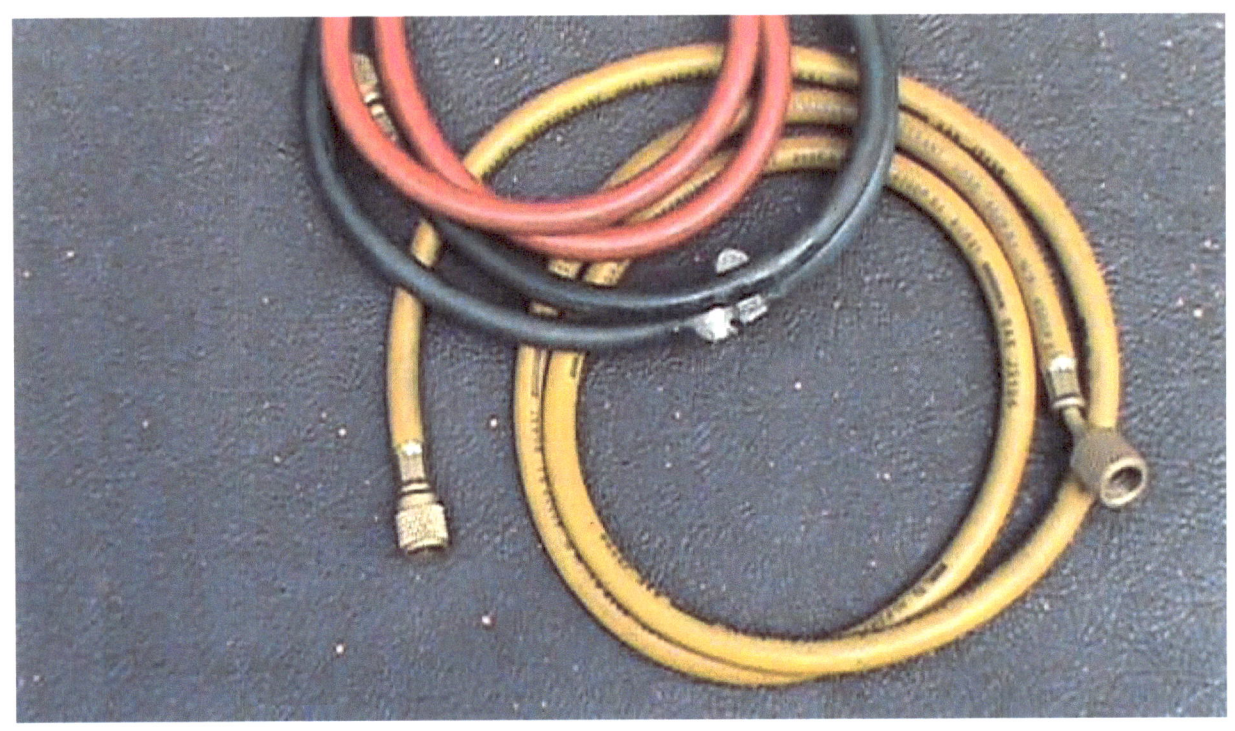

(Fig. 35 y 36)

-Mangueras del manifold.

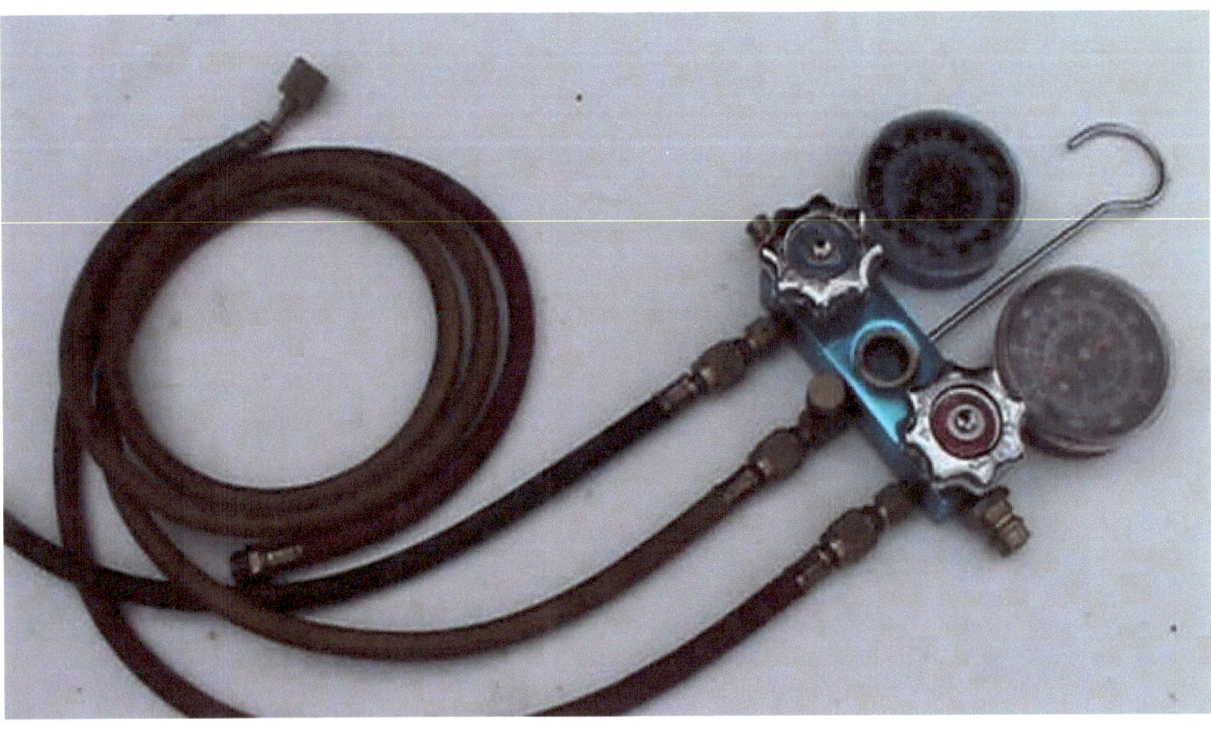

V

EL SISTEMA ELÉCTRICO

Puesto que el aire acondicionado depende de la electricidad para poder funcionar, haríamos bien en conocer algo sobre el sistema eléctrico de los automóviles.

EL SISTEMA ELÉCTRICO está formado por los siguientes componentes:

1- La batería (battery).

2- El alternador (alternator).

3- El interruptor de encendido (ignition switch).

4- Motor de arranque (starter).

5- Bobina de encendido (ignition coil).

6- Distribuidor de corriente (distributor).

7- Las bujías (spark plugs).

8- Los cables de las bujías (spark plugs wires).

La batería: Es el punto de donde parte la electricidad automotriz. Envía 12 volts a los diferentes componentes eléctricos. La buena arrancada del automóvil depende de una buena batería y unos buenos cables eléctricos con buenas conexiones. Un buen motor de arranque es indispensable. La mayor causa de falla del motor de arranque es por un bajo voltaje de batería.

Los cables de la batería son usualmente, de calibre menor a mayor, como sigue:

4 gauge, 2 gauge, 1 gauge, 2/0 ought, 3/0 ought.

(Fig. 37) -Batería.

UN PROBLEMA: El automóvil no arranca a causa de la batería. Ésta se descarga o no logra que el motor de arranque haga su función.

Si eso sucede, tienes tres opciones:

1- Examina el alternador.

2- Examina el cable que va del alternador a la batería: Puede estar suelto.

3- Examina las conexiones (positiva y negativa) de la batería: Pueden estar flojos los conectores. A veces surte buen efecto limar los conectores en su circunferencia interna y también limar los bornes de la batería, pues con el tiempo podría generarse una película de suciedad que, por increíble que parezca; crea un aislante.

El alternador: Su función principal es darle carga a la batería. El rotor del alternador es inducido a girar por la polea del motor del vehículo. Este importante girar crea un campo magnético que produce corriente alterna.

EXAMINANDO EL ALTERNADOR:

1- Toma el multímetro. Primero examina el voltaje de la batería con el motor apagado. Debería ser alrededor de 12.5 volts.

2- Arranca el motor y examina la batería de nuevo. Si el multímetro muestra más voltaje (13 - 15 volts) el alternador está trabajando.

(Fig. 38) -El alternador.

(Fig. 39) -La polea hace girar el rotor del alternador y éste produce corriente alterna.

Si necesitas reemplazar el alternador, haz lo siguiente:

1- Desconecta el cable negativo de la batería.

2- Remueve la polea del alternador aflojando la tensión. Para ello tal vez se requiera aflojar uno o dos de los pernos del alternador y con un movimiento del mismo, dejar al descubierto el pulley (el tensionador de polea puede estar en el pulley del alternador; o puede venir desde otro pulley que le aplica tensión a la polea. Moviendo dicho pulley con la ayuda de una llave ajustable, puede quitarse la tensión de la polea).

3- Desconecta los cables eléctricos del alternador.

4- Remueve los pernos que aseguran el alternador al motor.

5- Remueve el alternador. A veces hay que forzar duro para que salga.

El switch de ignición: La columna de dirección (steering column) es la torre que carga el timón del automóvil. El ignition switch o interruptor de encendido está ubicado en dicha columna y es activado por a la llave que gira el cilindro; es decir, la llave que arranca el vehículo. Un síntoma de un interruptor de ignición vencido es cuando el motor ha parado absolutamente, la llave no produce efectos; ni siquiera hay cranqueo. Usted sospechaba que finalmente esto pasaría pues en varias ocasiones dio trabajo arrancar al girar el cilindro, dando la impresión de la existencia de un falso contacto. En este caso, se tendrá que reemplazar el switch de encendido.

Para ello puedes seguir los siguientes pasos:

1- Desconecta el cable negativo de la batería.

2- De tener timón regulable el vehículo, debes colocarlo en la posición más baja.

3- La palanca de inclinación del timón debe ser desmontada. Desenróscala.

4- Desmonta la cubierta superior y también la inferior de la columna steering. Para ello saca los dos tornillos Torx; los mismos se encuentran en el lado inferior de la cubierta.

5- Remueve el cilindro de la llave. Para hacerlo, ubica la llave en la posición de rodar el motor. Usa un destornillador para desunir el retenedor. Empuja hacia afuera el cilindro.

6- Remueve los tornillos que aseguran el interruptor de ignición a la columna de dirección. Deben ser tornillos Torx, tal vez T20.

7- Desconecta la aureola luminosa y el zumbador del costado del interruptor.

8- Desconecta la unión eléctrica del interruptor.

9- Retira el interruptor de la columna.

El motor de arranque: Para muchos motores arrancar, estos deben ser rotados. Éste es el propósito del pequeño motor de arranque: hacer rotar el inmenso motor del vehículo. Este chico componente posee en su parte delantera un rotor con dientes que hace un engranaje con los dientes del motor del auto. Mediante dicho engranaje, al comenzar a funcionar el motor de arranque, el motor del vehículo comenzará a rotar también.

Un defectuoso operar del chico rotor con dientes, puede causar que el motor de arranque esté trabajando sin lograr el objetivo: no hacer rotar el gran motor del auto. De esta manera, el motor de arranque hará un sonido lamentoso, lo que indicará que dicho componente está operando; eso está bien, pero hay algo: su rotor con dientes no está rotando al gran motor; el auto no puede arrancar. La mejor solución es reemplazar el entero motor de arranque.

Nota: Si necesitas reemplazar el motor de arranque, no vaciles en hacerlo pues no es difícil. Primero: localízalo; debe estar por la parte de abajo del motor del auto. Usa las rampas para elevar el vehículo y quizás se requiera gatos y torres. Desconecta el cable negativo de la batería. Y una vez que el motor de arranque esté ante tu rostro, tienes que aflojar y retirar los pernos que lo fijan. Remuévelo de su sitio sin dejar de desconectar los conectores eléctricos que posee.

(Fig. 40) -Motor de arranque.

El distribuidor de corriente: Al hablar sobre el distribuidor, podemos decir que hemos

llegado a la zona de peligro, pues ya no estaremos trabajando con sólo 12 volts, sino con un muy

alto voltaje; capaz de matar ampliamente a cualquier persona. Bajo el capó existe un

transformador conocido como "bobina de encendido" que eleva la electricidad que recibe de la

batería (12 volts) hacia una enorme suma de voltaje (12 000 a 45 000 volts, según el tipo de

auto). Mediante un cable, el distribuidor recibe de la bobina de encendido este altísimo voltaje

para encargarse de distribuirlo hacia cada bujía. En muchos vehículos, un juego de cables carga

el alto voltaje. Sepa también que, según el número de cilindros del auto, será el número de bujías.

Por ejemplo: un motor de cuatro cilindros posee cuatro bujías.

(Fig. 41) -Distribuidor de corriente (Note los cables de las bujías).

(Fig. 42) -Distribuidor y cables de las bujías en un motor de cuatro cilindros.

Porque el altísimo voltaje es producido; extrema precaución debería tomarse siempre que sea realizada una operación en esta área. Estos componentes no sólo incluyen el distribuidor, la bobina de encendido y los cables de las bujías; también incluyen artículos conectados, como los comprobadores del sistema. Para comprobar cómo se halla funcionando el distribuidor, puedes obrar así:

- Hazte de un comprobador calibrado de encendido (calibrated ignition tester). Vea Fig. 43.

- Desconecta el primer cable de bujía e instálalo al comprobador. Debes desconectar dicho cable por la parte de la bujía, dejándolo conectado en la parte del distribuidor.

- El clip del comprobador debe fijarse a cualquier parte de metal, en el motor.

- Acto seguido, pídele a un ayudante que haga por arrancar el motor sin hacerlo a plenitud. Mientras, tú observas el comprobador. Si resplandece azul, es muestra de que hay una descarga eléctrica abundante. A esa bujía le está llegando suficiente corriente del distribuidor. Si en esta prueba el motor del auto arranca, no debería mantenerse el examen por más de un minuto.

- Continúa la prueba con el cable de la segunda bujía. Si los resultados son como el anterior, hay señales de un buen distribuidor. Pero un buen distribuidor, no significa que las bujías estén en su mayor esplendor; quizás éstas necesiten reemplazo al encontrarse dañadas o fallando.

Nota: Si se decide cambiar las bujías, la mejor opción es cambiar además los cables de dichas bujías.

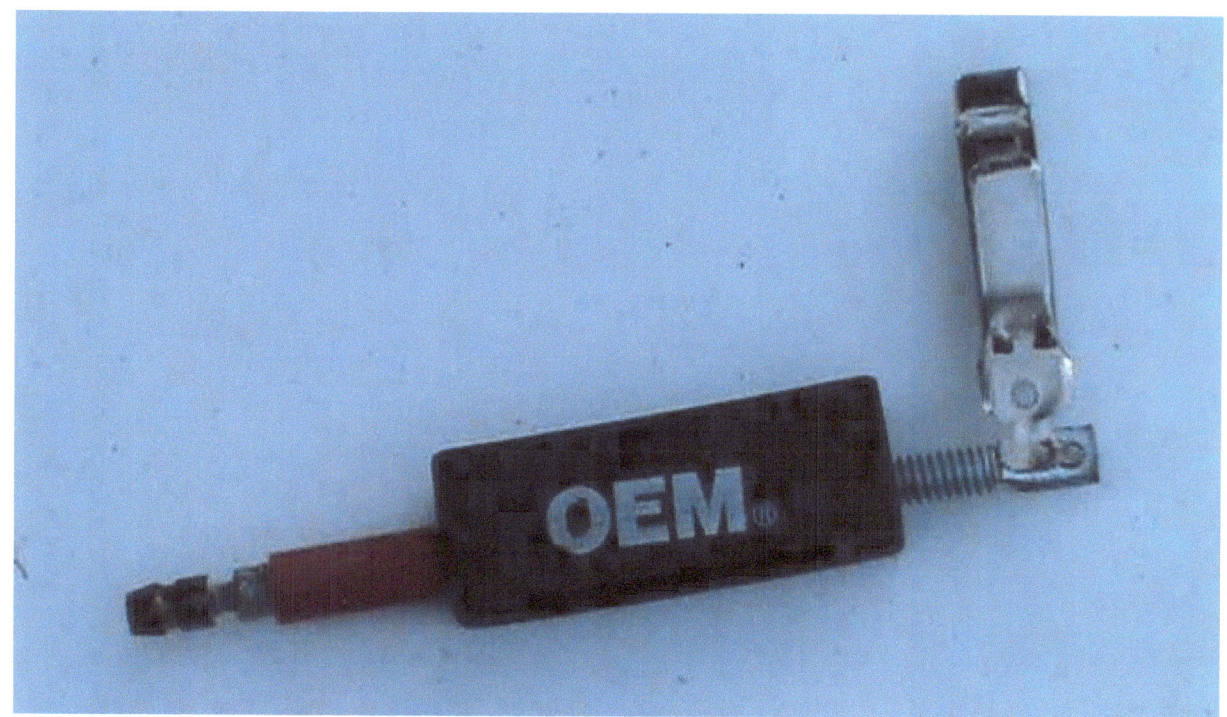

(Fig. 43) -Calibrated ignition tester.

Si necesitas reemplazar el distribuidor, haz lo siguiente:

1- Desconecta los cables de la batería.

2- Si hay algo que estorba para realizar el trabajo, remuévelo.

3- Desconecta los conectores eléctricos del distribuidor.

4- Identifica cada cable de bujía y retíralo de la tapa del distribuidor.

5- Remueve el bracket del distribuidor.

6- Afloja los tornillos y remueve la tapa del distribuidor.

7- Remueve las tuercas que aseguran el distribuidor y retíralo de su sitio.

(Fig. 44) -Bujías.

La empresa Delco, de la "General Motor", fue la fabricadora del primer distribuidor de corriente; pero como los tiempos avanzan, ha dejado de usarse y el encendido con distribuidor es reemplazado por el método de encender el vehículo sin distribuidor. A este sistema se le identifica con las iniciales DIS (Direct Ignition System).

ALGUNOS PROBLEMAS ELÉCTRICOS EN EL SISTEMA DE AC:

- El ventilador del condensador está bueno; pero no le llega corriente.

SOLUCIÓN: Revisa el conector eléctrico del ventilador. O revisa los fusibles en el panelito ubicado casi siempre debajo del instrument panel y en el lado del chofer.

-El compresor está bueno; pero no le está llegando los 12 volts para comenzar a funcionar.

SOLUCIÓN: - Revisa que el cable de alimentación al compresor tenga continuidad.

-Revisa el embrague o conector que alimenta al compresor.

-Revisa el relay del compresor. Éste se encuentra en el "Power Distribution Center", el cual se halla bajo el capó: en la zona motor. Remueve el AC Compressor Control Relay de entre la cajita. Con el motor encendido y el aire acondicionado puesto en on, chequea por voltaje. Si llega voltaje, entonces está claro que el problema está en el relay; reemplázalo.

(Fig. 45) -Relay del compresor.

Nota: Es bueno aclarar que la ausencia de rotación del clutch del compresor se puede

deber también a los controles que operar en el mismo, los cuales encienden el compresor y lo

apagan, debido -entre otras cosas- a la presión refrigerante del sistema.

Los controles del compresor:

Estos controles, como se ha dicho, pueden encender y apagar el compresor. Las razones se

deben a varios factores: puede ser debido a altas o a bajas presiones de refrigerante. Otra razón es

para proteger el interior del vehículo de un sobreenfriamiento. Y otra causa: para proteger al

mismo compresor; ya que al parar, descansa de un sobrecalentarse que lo podría llevar a quemar

su enrollado.

Control: "Low-pressure cut out switch": Está ubicado en la expansion valve o en el receiver-dryer. Detiene el compresor si la presión baja debido a una fuga, una obstrucción o una baja temperatura. En los sistemas que usan orifice tube, este control está ubicado en el acumulador.

Control: "High- pressure cut out switch": Está ubicado en la línea refrigerante. Detiene el compresor si la presión del sistema sube debido a una obstrucción o a un sobrecalentamiento del condensador. Este interruptor también pudiera hallarse en el compresor.

Control: "Superheat switch": Está ubicado en la parte trasera del compresor y está expuesto al flujo del refrigerante. Los contactos del switch están normalmente abiertos; pero si una temperatura predeterminada es alcanzada (causada por una reducción del flujo de refrigerante) los contactos se cierran.

(Fig. 46) -Cajas de Relay, en la zona motor.

VI

REPARACIONES EN EL SISTEMA DE AC

REEMPLAZANDO EL COMPRESOR:

Si el cloche del compresor no está girando, el compresor mismo no ha comenzado a realizar su función. Puede que el cilindro delantero esté girando bajo los efectos de la polea; pero a su vez el cloche está detenido. El cloche se halla delante del cilindro delantero. La lectura del juego de medidores da: low side alta; high side baja. Esto es lógico pues el refrigerante se ha acumulado en el lado de entrada del compresor; mas al no estar éste trabajando, no es despedido por el lado de descarga.

Si el compresor se encuentra por la parte de abajo, seguramente necesitará levantar el vehículo para poder hacer el trabajo. Un par de rampas le será de gran utilidad en esos momentos.

Nota: Siempre que reemplace el compresor, debería también reemplazar el acumulador.

1- Retira el cable negativo de la batería.

2- Descarga el refrigerante del sistema.

3- a) Afloja el tornillo del tensor de polea.

   b) Retira tornillo y tensor de polea.

c) Retira la polea del compresor.

4- a) Desata el embriague que le permite llegar los 12 volts al compresor.

b) Desata del compresor todo switch existente.

5- Afloja el tornillo que une el múltiple (las mangueras) con el compresor. Retira el tornillo. Separa el múltiple del compresor.

6- Limpia con aceite PAG y tapa las aberturas del múltiple. Puedes usar papel y taype.

7- Afloja y retira los cuatro pernos que fijan el compresor.

8- Retira el compresor de su lugar.

9- Retira el acumulador de su lugar.

Antes de instalar el nuevo compresor, ten presente lo siguiente:

- Echarle el aceite PAG requerido. Puede ser PAG 46, 100 ,150 (unas cuatro onzas). Siempre usa aceite nuevo, libre de humedad. Elimina el aceite anterior.

- Es bueno rotar unas diez veces el rotor del compresor.

- Instalarle nuevas zapatillas (o-rings) lubricadas con aceite PAG.

- Verificar que los 12 volts le llegarán bien al nuevo compresor.

REEMPLAZANDO EL ACUMULADOR:

a- El cable negativo de la batería debe estar desconectado.

b- El refrigerante debe estar descargado del sistema.

c- El compresor debe haber sido quitado de su sitio.

1- Desconecta las líneas de entrada y salida del acumulador y tapa todas las aberturas para evitar contaminación y humedad en el sistema.

2- Si el acumulador tiene pressure sensing switch, remuévelo y pónselo al nuevo acumulador.

3- Remueve el bracket del acumulador. Quita el acumulador de su lugar.

Antes de instalar el nuevo acumulador, ten presente lo siguiente:

- Pon unas cuatro onzas del fresco aceite PAG entre el nuevo acumulador. (Quizás lleve menos aceite, según el modelo del fabricante)

Nota: Si fueses a reemplazar las mangueras del sistema, ten en cuenta lo siguiente:

- Cuando las desconectes, limpia ambos lados de la conexión con aceite PAG.

- Siempre usa dos llaves cuando aflojes o aprietes las mangueras.

- Tapa los finales de las mangueras inmediatamente después de desconectarlas.

REEMPLAZANDO LA VÁLVULA DE EXPANSIÓN

Cuando la válvula de expansión bloquea el refrigerante del sistema, habiendo dejado de funcionar; el manifold da la siguiente lectura: low side baja; high side alta. Es lógico, pues el grueso de refrigerante se ha acumulado ante la entrada del componente roto; el cuál está en el lado alto.

Algunos vehículos tienen la válvula de expansión junto a la firewall, en el fondo de la zona motor. Mientras que otros la tienen bajo el instrument panel, en la zona de los pasajeros. Ahora bien: en todos los casos, la válvula de expansión está bien cerca del evaporador.

1- Descarga el refrigerante del sistema.

2- Desata la línea de la expansion valve que llega al evaporador.

3- Remueve la válvula de expansión de su vecindad al evaporador. Si lo lleva, remueve el embriague low- pressure switch.

4- Remueve de la válvula de expansión la otra línea, esta viene del receiver- dryer.

5- Tapa los finales de las líneas inmediatamente después de haberles desconectado.

Nota: Si la válvula de expansión se halla bajo el instrument panel, será necesario un laborioso desmontaje del mismo para poder llegar a ésta.

REEMPLAZANDO EL ORIFICE TUBE

Nunca limpies y reinstales un tubo orificio usado. Recuerda que el tubo orificio está bien pegado al evaporador.

1- Descarga el refrigerante del sistema.

2- Desconecta la high side line en la unión de entrada al evaporador.

3- Pon una pequeña cantidad de aceite refrigerante PAG entre la entrada al orifice tube para lubricar la zapatilla del tubo orificio.

4- Inserta dentro de la línea la herramienta para extraer tubos orificios (orífice tube tool). Mueve la herramienta suavemente para evitar rompeduras durante la remoción del orifice tube.

5- Lubrica la nueva zapatilla del nuevo tubo orificio usando limpio aceite PAG.

6- Inserta el nuevo tubo orificio entre la tubería de entrada al evaporador, con el final corto mirando hacia el evaporador. Aprieta el tubo orificio.

7- Reconecta la high side line.

Nota: Reemplazar el condensador no es difícil. Éste se halla en un sitio que llegarle no es complicado, ya que está en la parte anterior del vehículo; delante del radiador. Ten en cuenta a la hora de realizar el trabajo que lidiarás con la presencia del ventilador del condensador; si es necesario, tendrás que removerlo primero. Desconecta las líneas refrigerantes que entran y salen del condensador y tápalas tan pronto las liberes. Retira los tornillos que sujetan el condensador y finalmente, remueve este componente de su sitio.

REEMPLAZANDO EL EVAPORADOR

- Un evaporador con fugas de gas deberá ser reemplazado. Si el escape es por las uniones de las líneas refrigerantes que llegan al mismo, quizás baste con apretar las tuercas. Para examinar los salideros en el evaporador, opera el aire acondicionado con el blower ventilador en alta velocidad por unos treinta segundos. Apaga el aire acondicionado y el ventilador, y espera para que el refrigerante se acumule. Inserta el censor del detector electrónico de liqueos entre el hueco del drenaje del evaporador, contando conque no haya agua presente. Si el detector emite la señal de alarma, el evaporador o las conexiones de las líneas al mismo, estarán con fuga.

1- Desconecta el cable negativo de la batería.

2- Descarga el refrigerante del sistema.

3- Es necesario drenar el sistema de enfriamiento del motor. O sea, dejar el motor seco, sin el agua coolant; drénalo por el radiador.

4- Desmonta el instrument panel. Esta es una gran empresa que requiere esmero y paciencia.

5- Desconecta las mangueras del heater core.

6- Desconecta y tapa las líneas refrigerantes del evaporador.

7- Remueve de su sitio la housing o envoltura que contiene el evaporador, el heater core y el Blower.

8- Desconecta los cables eléctricos que llegan a dicha envoltura.

9- Abre la envoltura y extrae el evaporador.

PROBLEMAS A TENERSE EN CUENTA:

I- La presión de refrigerante es demasiado baja en el lado de baja.

   Resultados:

… primero) Formación de hielo en el evaporador.

… segundo) Menos circulación de aire a través del evaporador.

… tercero) Condiciones cálidas en el área de los pasajeros.

… cuarto) Bombeo de aceite. Esto podría dañar las válvulas del compresor y, si continúa el problema: puede quemarse el compresor.

II- Aceite sin medida en el sistema.

a) Demasiado aceite causará bombeo de aceite.

b) Muy poco aceite causará un rápido deterioro en las cajas de bolas del compresor, los pistones, los anillos y las válvulas.

(En ambos casos, el compresor se deteriorará veloz)

III- El aire acondicionado no enfría mucho.

a) Inspecciona el condensador; debe estar sucio. Límpialo.

b) Chequea que el cloche del compresor de vueltas.

c) Inspecciona el nivel de refrigerante. Si está bajo, añade.

d) Chequea el ventilador del evaporador. Y el ventilador del condensador.

e) Inspecciona el evaporador, límpialo si está sucio. Y si está obstruido, hazle un enjuague usando una pistola de enjuagar y el compresor de aire.

IV- Hay ruido en el sistema de AC

a) Quizás esté floja la polea del compresor.

b) Los pernos del compresor necesitan apretárseles más.

c) Las cajas de bolas están necesitando reemplazo.

d) Es bajo el nivel de aceite en el compresor.

e) Un ventilador dañado.

V- No sale agua del sistema.

a) El tubo de drenaje está obstruido.

b) El ventilador del evaporador no está funcionando.

VII

CALEFACCIÓN Y SISTEMA DE ENFRIAMIENTO

La calefacción automotriz y el sistema de enfriamiento (cooling system) se tocan; o dicho en metáfora: se dan la mano. Para vislumbrar mejor el mundo de la calefacción, haríamos bien en conocer en qué consiste el sistema de enfriamiento del motor.

EL SISTEMA DE ENFRIAMIENTO está compuesto por los siguientes elementos:

1- La bomba del agua (water pump).

2- El termostato (thermostat).

3- Las dos mangueras del radiador: manguera alta y manguera baja (radiator hoses).

4- El radiador (radiator).

5- Ventilador de enfriamiento (cooling fan).

6- Tanque de recuperación (recovery tank).

Este sistema es llenado con "antifreeze", usualmente mitad de coolant y mitad de agua. O sea, si usted está llenando un cooling system vacío, mezcle partes iguales de coolant y agua en un container limpio. Algunos antifreeze coolant vienen premezclados. Lea la etiqueta; debe decir si éste es el caso: 50/50.

CICLO

El coolant caliente sale del motor y pasa a través del termostato para coger la manguera alta. Entonces entra al radiador; hallado en la parte frontal del vehículo. Un ventilador refresca al radiador; así que el coolant saldrá frío del mismo para tomar la manguera baja. Estonces pasa por la bomba de agua: ubicada muchas veces detrás del ventilador del radiador. La bomba de agua, en su función, hará circular el coolant por todo el sistema; parecido a la función que realiza el compresor tocante a hacer circular el refrigerante en el sistema de AC. Finalmente, el frío coolant entra nuevamente al motor para repetirse el recorrido.

(Fig. 47) -Bomba de agua.

(Fig. 48) -Termostato.

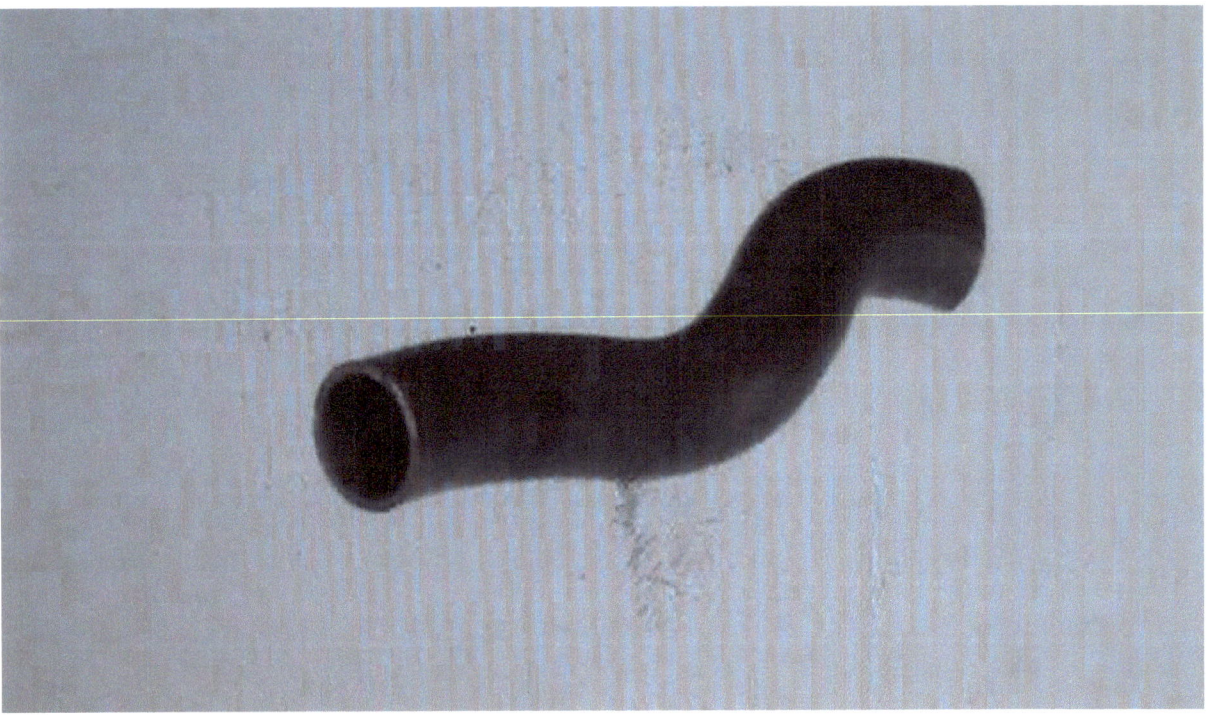

(Fig. 49) .Manguera del radiador. Son dos; una entra por arriba y la otra sale por abajo.

(Fig. 50) -Radiador.

Nunca intentes retirar la tapa del radiador con el motor caliente. El coolant saldrá violento.

ventilador del radiador.

(Fig. 51)

(Fig. 52) -Recovery tank.

DOS SERIOS PROBLEMAS:

I- El reloj de la temperatura del motor, marcando una lectura más alta de lo normal.

II- El radiador ha lanzado una explosión del caliente coolant, imperando un intenso humo.

POSIBLES CAUSAS:

a) Puede que haya un salidero de coolant, o tal vez haya bajo nivel de coolant en el sistema.

- Debes chequear el nivel de coolant en el recovery tank. Después que el motor se enfríe, chequea el nivel de coolant en el radiador. Añade si es necesario.

- Si el problema se debe a algún salidero y éste es por una conexión de manguera, aprieta el clamp de la manguera.

- Si es la bomba de agua la que tiene el salidero, es necesario reemplazarla.

- Si es el heater core, habrá una película de grasa en el interior del auto. La alfombra para los pasajeros estará húmeda. Como temporaria reparación, añade "Stop- leak product" al radiador. Usted tendrá que encontrar la conexión con problemas y repararla. O reemplazar el heater core completamente. Sobre el heater core detallaremos más adelante.

b) Puede que el heater core esté bloqueado o esté fallando.

- Enciende la calefacción en alta posición. El ventilador debe estar en alta también para eliminarle calor al motor. Parqueado en un sitio seguro, pon el auto en neutral. Rueda el motor veloz para así incrementar la circulación de coolant. Si el heater core tiene alguna tupición grande, quizás se necesite enjuagar el cooling system primero; después el heater core. Si la obstrucción es irreparable; no tiene de otra, reemplace el heater core.

c) Puede que el ventilador del radiador no esté funcionando.

- Inspecciona el funcionamiento del ventilador. Es bueno tener presente que el ventilador del radiador enciende cuando el motor alcanza una temperatura predeterminada.

- Chequea el embrague que alimenta con 12 volts al radiator fan.

- Quizás se necesite reemplazar el ventilador o radiator fan.

d) Puede que la bomba de agua esté fallando. Ésta saca el coolant desde el fondo del radiador y lo bombea a través del motor. Si el fallo es la bomba, reemplázala.

- Chequea la polea de la bomba de agua. Una polea fallando puede ocasionar vibración bajo el capó.

e) Puede que el radiador tenga salidero.

- Añade "radiator stop- leak". Y si no resulta, vaya comprando uno nuevo.

REEMPLAZANDO EL RADIADOR.

1- Drena el radiador. Coloca un recipiente debajo para recoger el antifreeze. Drenar significa hacer bajar el agua o un líquido a través de una abertura con el propósito de dejar el recipiente vacío. Hay dos maneras de drenar el radiador:

A- Desconecta la manguera baja.

B- Abre el petcock: una válvula en la parte inferior del radiador. Se abre como una llave de agua.

2- Mientras se vacía el sistema del coolant, remueve las partes que pudieran bloquear el acceso al radiador. Puede ser la gruesa tubería de entrada de aire. Esta gruesa tubería está asegurada en cada terminal con un clamp. Afloja los clamps.

3- Tal vez necesites remover el ventilador del radiador.

4- Remueve el clamp de la manguera alta del radiador. Retira la manguera del radiador y trábala boca arriba en un agarre del motor.

5- Si el vehículo tiene transmisión automática, puede haber líneas de transmisión adicionales conectadas al radiador. Usted deberá desatar estas líneas y dejar libre el radiador.

6- Remueve los tornillos que aseguran el radiador a su puesto en el automóvil.

7- Remueve la manguera que está en la tapa del radiador (En algunos autos, la tapa del radiador aparece a la derecha con una manguera superior que va hasta el recovery tank). Una presión con una pinza puede dejar libre dicha manguera.

8- Remueve la manguera baja del radiador.

9- Con los tornillos y las mangueras removidas. Y además con el ventilador quitado; el radiador puede ser levantado hacia afuera del vehículo.

(Fig. 53) -Vista del radiador por la parte de arriba. Note la manguera que va al recovery tank. Note además la manguera alta del radiador.

ENJUAGANDO EL SISTEMA DE ENFRIAMIENTO.

1- Localiza la línea de entrada hacia el heater core con suficiente largo como para acomodar una T.

2- Drena el radiador.

3- Con una cuchilla, corta la manguera de entrada al heater core.

4- Inserta la T. Desliza sus clamps sobre cada terminal de la manguera cortada.

5- Aprieta entonces los tornillos de dichos clamps.

6- Ata un nozzle (algo así como un tubo corto en forma de codo) a la boca del radiador. Pon una cubeta al frente del nozzle. Esto es con el fin de recoger el agua que enjuagará el sistema.

7- Para enjuagar el sistema de enfriamiento, usa agua de una pila con una manguera normal de jardinería. Conecta la manguera a la T.

8- Abre la pila y pulga el sistema.

9- Una vez que termines, mantén instalada la T para futuros enjuagues. No olvides ponerle firme su tapa para evitar que se salga el coolant del sistema.

10- Drena toda el agua. Retira el nozzle de la boca del radiador.

11- Llena el radiador con antifreeze/ coolant y ponle la tapa.

EL SISTEMA DE LA CALEFACCIÓN consta de los siguientes elementos:

1- El núcleo calentador (heater core).

2- Ventilador blower (Blower fan).

3- Mangueras del núcleo calentador (heater core hoses).

CICLO

El ciclo calentador automotriz nada tiene que ver con el refrigerante del sistema de AC. Para la calefacción se usa el coolant que viene desde el motor y sigue hasta el heater core: este elemento calentador está montado adentro de una envoltura; o sea, el heater core y el evaporador están usualmente ubicados juntos bajo el instrument panel y encerrados en una misma caja. Como mismo el evaporador es usado para suministrar fresco a los pasajeros; el heater core se utiliza para darles calor: tomando ambos como herramienta el efecto de un ventilador que emite aire sobre el enrollado del uno o del otro. Sólo que, mientras que el evaporador es proveído de gas para enfriar; al heater core se le suministra coolant o agua caliente.

EL PROBLEMA MÁS COMÚN:

(No funciona)

POSIBLES CAUSAS:

a) Puede que haya un bajo nivel de coolant en el vehículo.

- Chequea el nivel de coolant en el recovery tank y en el radiador. Recuerda esperar a que se enfríe el motor.

b) Puede que el heater core tenga alguna obstrucción.

- Limpia y pulga el heater core.

- Reemplaza el heater core.

c) El ventilador del heater core no está funcionando.

- Chequea el ventilador.

d) El interruptor de la calefacción, en la caja de controles para AC y Calefacción, está fallando.

- Chequea el interruptor.

e) Puede que el termostato esté abierto.

- El coolant jamás se calienta lo suficiente como para proveer buena calefacción. La solución es reemplazar el thermostat.

Para que el motor del auto funcione como es debido, el coolant deberá alcanzar una temperatura de unos 90° C aproximadamente. Al calentarse este líquido, el termostato se abrirá y permitirá que haya un fluir hacia el radiador. En su exterior el termostato suele indicar a qué temperatura se abre. Ahora bien, puede que el termostato deje de realizar su función (abrirse y cerrarse). Y como este elemento se ha vencido, quizás termine abierto indefinidamente o cerrado. Esto traerá serios problemas; más serios de lo que una persona que no sabe pueda imaginarse.

Por ejemplo: Si el termostato se mantiene cerrado: No habrá flujo de coolant hacia el radiador. Con el radiador seco, el motor se recalentará hasta terminar fundiéndose. Y si por el contrario, el termostato termina abierto, con demasiado paso de coolant hacia el radiador bajará la temperatura del motor. Así el motor terminará desgastado por fricción.

REEMPLAZANDO EL THERMOSTAT

En muchos vehículos, el termostato está ubicado donde el tope de la manguera alta del radiador conecta con el motor. Si el termostato está vencido, hay una buena razón para que el buen sistema de calefacción en el área de los pasajeros no funcione debidamente. El termostato abierto no proveerá una agradable temperatura en tiempo de frío.

Removiendo el termostato se botará algún coolant; por eso es mejor drenar el radiador hasta un nivel perteneciente al puesto del termostato.

1- Drena un poco el radiador.

2- Con un socket afloja los tornillos de la envoltura del termostato.

3- Cuando remuevas la envoltura, puede que se necesite un destornillador para sacar el termostato de su lugar.

4- El gasket puede ser un anillo atado alrededor del termostato mismo. O una hoja separante hacia la envoltura. Limpia el viejo gasket o instala el nuevo termostato con un gasket idéntico al anterior.

5- Aprieta con el socket los tornillos.

6- Rueda el motor y chequea por salidero de coolant.

(Fig. 54) -Manguera alta del radiador hasta el tope donde está escondido el termostato.

EL HEATER CORE O NÚCLEO CALENTADOR.

(Fig. 55) Núcleo calentador.

REEMPLAZANDO EL HEATER CORE.

1- Drena por el radiador el cooling system.

2- Desconecta las mangueras del heater core en la firewall. La firewall es la pared que divide la zona motor de la cabina de los pasajeros. Se entiende por firewall la cara que mira a la zona motor.

3- Remueve el instrument panel.

4- Remueve los tornillos de la envoltura donde se halla el heater core.

5- Abre dicha envoltura y extrae el heater core de su interior.

(Fig. 56) -Esquema del sistema de enfriamiento y la calefacción automotriz.

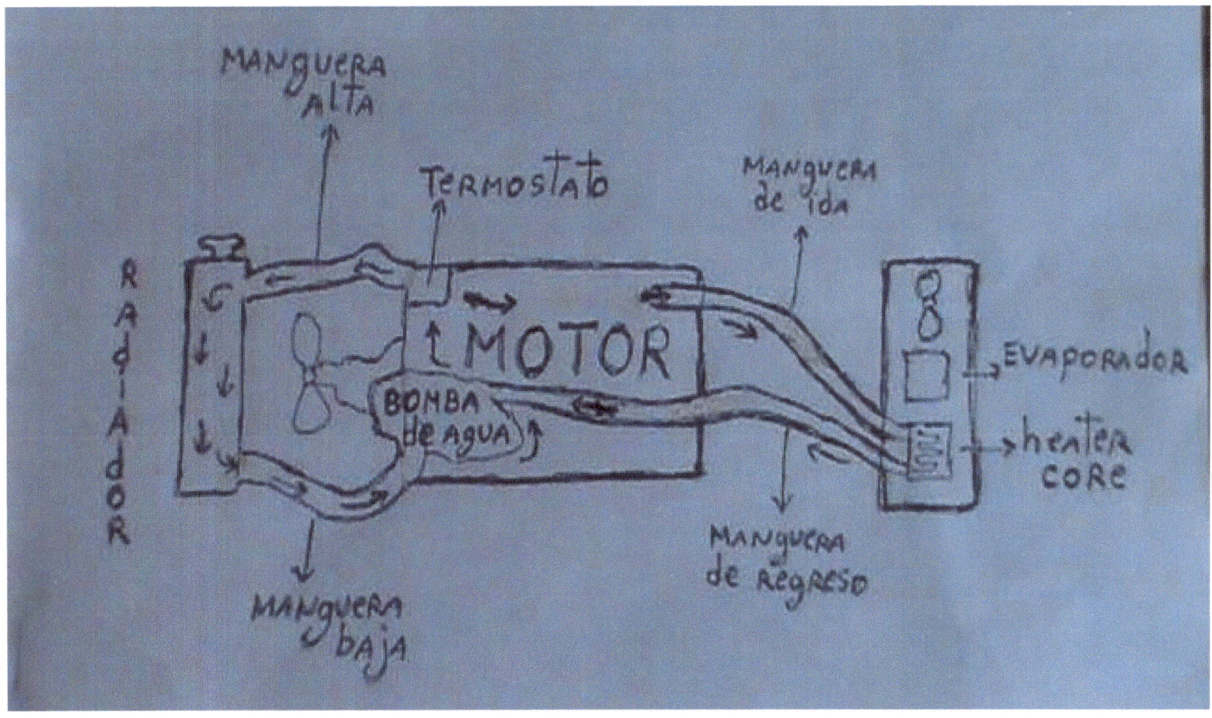

Y hasta aquí esta maravillosa magia del aire acondicionado de los automóviles y su sistema de calefacción, entre otras cosas. Espero que esta información le sirva de algo y… manos a la obra. Ha sido un placer contar con la atención prestada a esta pequeña obra que, como dije al principio, no pretendo que sea una regla; sino una representación o similitud a la cual se podría encarar usted si decide emprender el arreglo de su auto.

Una obra escrita por: Israel Mustelier Morales